MARIA EUGENIA DELGADO CASALE

Evaluación del crecimiento de los tíbicos

MARIA EUGENIA DELGADO CASALE

Evaluación del crecimiento de los tíbicos

Evaluación del crecimiento de los tíbicos (kéfir de agua, Lactobacillus brevis) en distintos tipos de azúcares.

PUBLICIA

Imprint
Any brand names and product names mentioned in this book are subject to trademark, brand or patent protection and are trademarks or registered trademarks of their respective holders. The use of brand names, product names, common names, trade names, product descriptions etc. even without a particular marking in this work is in no way to be construed to mean that such names may be regarded as unrestricted in respect of trademark and brand protection legislation and could thus be used by anyone.

Cover image: www.ingimage.com

Publisher:
PUBLICIA
is a trademark of
Dodo Books Indian Ocean Ltd. and OmniScriptum S.R.L publishing group

120 High Road, East Finchley, London, N2 9ED, United Kingdom
Str. Armeneasca 28/1, office 1, Chisinau MD-2012, Republic of Moldova, Europe
Managing Directors: Ieva Konstantinova, Victoria Ursu
info@omniscriptum.com

Printed at: see last page
ISBN: 978-620-8-87340-0

AGRADECIMIENTOS

Con profundo amor y gratitud, dedico este trabajo a mis hijos: **Manuel Palacios Delgado** y **Maria Eugenia Palacios Delgado**.

Su apoyo incondicional, comprensión y motivación constante han sido la luz que me acompañó en cada etapa de esta investigación. Este libro no habría sido posible sin su presencia amorosa en mi vida. Gracias por inspirarme a seguir creciendo, aprendiendo y compartiendo.

Evaluación del crecimiento de los tíbicos (kéfir de agua, Lactobacillus brevis) en distintos tipos de azúcares

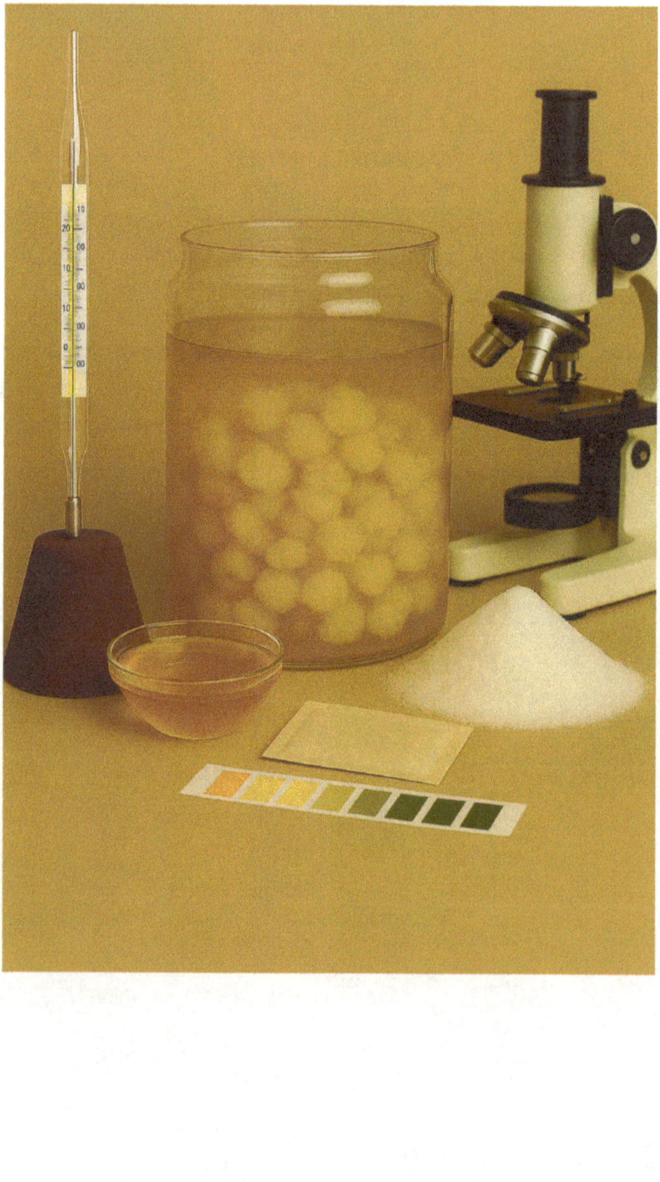

Contenido

RESUMEN 1

ABSTRACT 2

INTRODUCCIÓN 3

OBJETIVO GENERAL 4

OBJETIVOS ESPECÍFICOS 4

IMPACTO DE LA INVESTIGACIÓN 5

Impacto económico 5

Impacto social 5

Impacto ecológico 5

Impacto tecnológico 5

BENEFICIOS DE LA INVESTIGACIÓN 6

Beneficios económicos 6

Beneficios sociales 6

Beneficios ecológicos 7

Beneficios tecnológicos y científicos 7

REVISIÓN DE LITERATURA 8

El kéfir de agua: origen, microbiología, beneficios y aplicaciones 8

Resultados recientes y análisis comparativo del kéfir de agua 10

Tabla de comparaciones de diferentes investigadores 16

Discusión 17

Artículos científicos 18

Tabla comparativa de evaluación de los diferentes investigadores sobre los diferentes azúcares evaluados 22

HIPÓTESIS DEL TRABAJO DE INVESTIGACIÓN 23

MATERIALES Y MÉTODOS 24

MATERIALES 24

CULTIVO MICROBIANO 25
AZÚCARES UTILIZADOS 26
Beneficios de la miel de abeja 31
MÉTODO 34
PROCEDIMIENTO EXPERIMENTAL 35
RESULTADOS 38
Muestra A 38
Muestra B 39
Muestra C 40
Muestra D 41
Muestra E 42
Muestra F 43
Muestra G 44
ANÁLISIS DEL PH 45
ANÁLISIS GENERAL 48
INTERPRETACIÓN DE RESULTADOS 50
OBSERVACIONES GENERALES 51
CONCLUSIONES 52
RECOMENDACIONES 54
GLOSARIO 55
ANEXOS 56
FOTOGRAFIAS DEL PROYECTO 58
BIBLIOGRAFÍA 67

Índice de figuras

Figura 1 Lactobacillus Bularicus 25
Figura 2 Azúcar Morena 27
Figura 3 Piloncillo 29
Figura 4 Azúcar Glass 30
Figura 5 Miel de Abeja 32
Figura 6 Splenda 33
Figura 7 Replicaciones 34
Figura 8 Peso de la Biomasa 35
Figura 9 Colado y lavado de los búlgaros 37
Figura 10 Gráfica de la biomasa en la muestra A 38
Figura 11 Gráfica de la biomasa en la muestra B 39
Figura 12 Gráfica de la biomasa en la muestra C 40
Figura 13 Gráfica de la biomasa en la muestra D 41
Figura 14 Gráfica de la biomasa en la muestra E 42
Figura 15 Gráfica de la biomasa en la muestra F 43
Figura 16 Gráfica de la biomasa en la muestra G 44
Figura 17 Muestra A la evolución del pH por tipo de azúcar 45
Figura 18 Muestra B la evolución del pH por tipo de azúcar 45
Figura 19 Muestra C la evolución del pH por tipo de azúcar 46
Figura 20 Muestra D la evolución del pH por tipo de azúcar 46
Figura 21 Muestra E la evolución del pH por tipo de azúcar 47
Figura 22 Muestra F la evolución del pH por tipo de azúcar 47
Figura 23 pH promedio por muestra 49
Figura 24 Crecimiento de biomasa promedio por muestra 49

Índice de tablas

Tabla 1 Comparaciones de diferentes investiadores 16
Tabla 2 Evaluacion de los diferentes investigadores sobre los diferentes azúcares evaluados 22
Tabla 3 Nutrientes del azúcar 26
Tabla 4 Análisis comparativo 48

RESUMEN

Los tíbicos, también conocidos como kéfir de agua, son un cultivo simbiótico de bacterias y levaduras que se alimentan de azúcares para desarrollarse, produciendo una bebida fermentada, refrescante y con propiedades probióticas.

Este cultivo se presenta en forma de gránulos translúcidos y gelatinosos, con tamaños que varían entre 1 y 10 mm. Están compuestos por una matriz de polisacárido dextrinado, no soluble en agua, que actúa como soporte para microorganismos benéficos. Entre estos, destaca *Lactobacillus brevis*, una de las especies responsables de la producción del polisacárido y del mantenimiento de la estructura del grano.

En esta investigación se evaluó el crecimiento de los tíbicos al ser cultivados en distintos tipos de azúcares: azúcar morena, miel de abeja, piloncillo, azúcar glass y el edulcorante comercial Splenda. Los resultados obtenidos permiten identificar qué tipo de azúcar favorece más el desarrollo del cultivo y la formación de gránulos, lo cual puede contribuir a optimizar su producción y uso terapéutico.

Palabras clave: tíbicos, kéfir de agua, *Lactobacillus brevis*, azúcares, probióticos, salud

ABSTRACT

Tibic, also known as water kefir, are a symbiotic culture of bacteria and yeast that consume sugar for their development, resulting in a fermented, refreshing beverage with probiotic properties.

These cultures appear as translucent, gelatinous granules ranging in size from 1 to 10 mm. They are composed of a dextrin-based polysaccharide matrix that hosts beneficial microorganisms. Among them, *Lactobacillus brevis* stands out as one of the main species responsible for polysaccharide production and grain formation.

This study evaluated the growth of tibicos when cultured with different types of sugar: brown sugar, honey, piloncillo, powdered sugar, and the commercial sweetener Splenda. The findings help determine which sugar types most effectively promote the development and growth of the probiotic grains, providing useful insights for optimizing their production and health benefits.

Keywords: tibicos, water kefir, *Lactobacillus brevis*, sugars, probiotics, health

INTRODUCCIÓN

Los tíbicos, conocidos también como kéfir de agua, son una comunidad simbiótica de bacterias y levaduras que forman gránulos translúcidos y gelatinosos. Estas estructuras vivas han sido apreciadas por sus supuestos beneficios terapéuticos y por su capacidad de producir una bebida fermentada naturalmente probiótica.

Los tíbicos contienen una mezcla de microorganismos benéficos, entre los que se incluyen bacterias de los géneros *Lactobacillus* (especialmente *L. brevis*), *Leuconostoc, Streptococcus* y *Pediococcus*, así como levaduras como *Saccharomyces*, *Candida* y *Kloeckera*. La especie *Lactobacillus brevis* ha sido identificada como uno de los principales responsables de la producción del polisacárido (dextran) que da forma a los gránulos.

Estos organismos se reproducen por gemación cuando se alimentan con azúcares en un medio acuoso. Durante su fermentación, transforman la sacarosa en alcohol, ácido láctico y dióxido de carbono, descomponiendo azúcares complejos en simples, lo que favorece su asimilación por el organismo. Además, generan pequeñas partículas de polisacárido responsables de muchas de las propiedades terapéuticas del fermento.

El crecimiento y reproducción activa de los gránulos es un indicador clave de que el cultivo se encuentra saludable y en condiciones óptimas. Esta investigación se centra en evaluar cómo diferentes tipos de azúcares afectan dicho crecimiento, con el fin de determinar las condiciones más favorables para su desarrollo y aprovechamiento.

OBJETIVO GENERAL

Determinar cuál de los tipos de azúcares utilizados favorece en mayor medida el desarrollo de los tíbicos (kéfir de agua, *Lactobacillus brevis*), así como identificar con cuál de ellos la bebida resultante presenta un mejor sabor.

OBJETIVOS ESPECÍFICOS

- Evaluar el crecimiento de los gránulos de tíbicos en medios preparados con diferentes fuentes de azúcar: azúcar morena, miel de abeja, piloncillo, azúcar glass y el edulcorante comercial Splenda.
- Comparar las características organolépticas (sabor, olor, apariencia) del kéfir de agua producido con cada tipo de azúcar.
- Identificar cuál de los azúcares favorece mejor la actividad probiótica del cultivo.
- Analizar la relación entre la simplicidad química del azúcar utilizado y el desarrollo del cultivo.

IMPACTO DE LA INVESTIGACIÓN

Impacto económico

La producción casera de tíbicos y su bebida fermentada representa una oportunidad accesible para emprender actividades comerciales a pequeña escala. Esto puede generar ingresos adicionales para las familias, al mismo tiempo que promueve el consumo de productos naturales que fortalecen la salud, ayudando a prevenir enfermedades y reduciendo gastos médicos.

Impacto social

El uso de tíbicos en los hogares puede mejorar significativamente la salud intestinal y general de los miembros de la familia. Su consumo regular fomenta hábitos alimenticios saludables y brinda bienestar, generando así una mayor tranquilidad y calidad de vida.

Impacto ecológico

La producción de kéfir de agua con ingredientes naturales promueve el uso responsable de los recursos del entorno. Al no requerir aditivos químicos, se reduce la generación de residuos contaminantes, fomentando prácticas más sostenibles y amigables con el medio ambiente.

Impacto tecnológico

Esta investigación demuestra la capacidad de los tíbicos para fermentar distintos tipos de azúcares, transformándolos en una bebida con propiedades probióticas. Se observó que los azúcares más simples y menos procesados favorecen su desarrollo, lo que aporta información valiosa para futuras aplicaciones en biotecnología alimentaria y salud preventiva.

BENEFICIOS DE LA INVESTIGACIÓN

Beneficios económicos

- **Producción casera de alimentos funcionales**: Fomentar el cultivo doméstico de tíbicos reduce el gasto en probióticos comerciales, yogures y suplementos, generando **ahorro familiar**.
- **Emprendimiento sustentable**: El kéfir de agua representa una oportunidad para pequeños productores y emprendedores del sector agroalimentario de crear bebidas naturales fermentadas con valor agregado, sin necesidad de grandes inversiones.
- **Aprovechamiento de recursos locales**: El uso de azúcares regionales como miel, piloncillo, melaza de caña o azúcar de coco puede dinamizar economías rurales, integrando prácticas tradicionales y mercados de proximidad.

Beneficios sociales

- **Mejora de la salud comunitaria**: El kéfir de agua, como bebida probiótica, puede contribuir a mejorar la salud intestinal, fortalecer el sistema inmunológico y prevenir trastornos digestivos comunes, particularmente en zonas donde el acceso a servicios médicos o alimentos funcionales es limitado.
- **Educación científica y alimentaria**: Este proyecto permite **divulgar conocimientos microbiológicos**, tecnológicos y nutricionales, fomentando una cultura de alimentación más consciente, especialmente en contextos escolares o comunitarios.

- **Rescate de saberes tradicionales**: Al promover el uso de tíbicos en recetas artesanales y su historia de uso ancestral (como en México y Europa del Este), se fortalece la identidad cultural y la transmisión intergeneracional de conocimientos.

Beneficios ecológicos

- **Reducción de residuos y huella ambiental**: El kéfir de agua se cultiva con ingredientes simples (agua, azúcar, frutas), evitando envases plásticos de bebidas industrializadas y reduciendo la producción de residuos.
- **Uso eficiente de recursos**: El cultivo de tíbicos no requiere electricidad ni maquinaria compleja, lo cual lo hace viable incluso en zonas sin acceso pleno a infraestructura.
- **Sostenibilidad alimentaria**: Al promover ingredientes locales y fermentación natural, se alienta un modelo alimentario más resiliente y ecológicamente equilibrado.

Beneficios tecnológicos y científicos

- **Investigación microbiológica aplicada**: El estudio del crecimiento de los tíbicos según el tipo de azúcar empleado permite generar datos relevantes para la microbiología alimentaria, la biotecnología y la ciencia de alimentos.
- **Desarrollo de productos funcionales personalizados**: Los resultados del proyecto pueden contribuir al diseño de bebidas fermentadas optimizadas según las preferencias de consumo, disponibilidad de insumos o necesidades nutricionales.
- **Innovación en técnicas de cultivo**: Se fomenta la experimentación con nuevas variables (temperatura, minerales, azúcar alternativo), contribuyendo al avance de métodos artesanales con base científica.

REVISIÓN DE LITERATURA

El kéfir de agua: origen, microbiología, beneficios y aplicaciones

El **kéfir de agua**, también conocido como **tíbicos**, es una bebida fermentada de interés creciente tanto en el ámbito científico como en la medicina alternativa. Su producción se basa en la actividad simbiótica de bacterias ácido-lácticas (principalmente del género *Lactobacillus*), levaduras y, en menor proporción, bacterias acéticas, las cuales conviven en una matriz polisacárida protectora denominada microbioglea. Esta matriz, compuesta sobre todo por dextranos secretados por *Lactobacillus brevis*, confiere estructura a los gránulos de kéfir y protege a los microorganismos frente a condiciones ambientales adversas, como cambios de temperatura o pH (Ulloa-Lappe, 1993; Daker, 1938)

Desde un punto de vista morfológico, los gránulos de kéfir de agua son estructuras gelatinosas, elásticas y traslúcidas, que miden entre 1 y 10 mm y pueden variar de color blanco a amarillento. Su forma y crecimiento están influenciados por diversos factores, como el tipo de azúcar utilizado, la composición del agua, el tiempo de fermentación y las condiciones ambientales. Microbiológicamente, los tíbicos constituyen un consorcio complejo donde coexisten bacterias como *Lactobacillus*, *Streptococcus*, *Leuconostoc* y *Pediococcus*, junto con levaduras del tipo *Saccharomyces cerevisiae*, *Candida* y *Kloeckera* (Aguilar, 1997).

Históricamente, esta bebida ha sido utilizada con fines digestivos, energizantes y medicinales en distintas regiones del mundo, especialmente en México, donde fue estudiada por primera vez en 1898 por el microbiólogo M. L. Lutz, así como en Europa del Este y el Cáucaso. En países como Alemania y Rusia, el kéfir se ha promovido como parte de tratamientos naturales para afecciones digestivas, hepáticas y metabólicas.

En la medicina alternativa se le atribuyen múltiples propiedades terapéuticas: desde la mejora del sueño y el apetito, hasta la regulación del colesterol, el tratamiento de la anemia, el fortalecimiento del sistema inmunológico y la protección de órganos como la vesícula biliar y los riñones. Estas afirmaciones, aunque comunes en la literatura popular, requieren aún validación científica mediante ensayos clínicos controlados. Sin embargo, voces expertas como las del Dr. Fabián Vargas y el Dr. Patricio Soria destacan su potencial como tónico digestivo y energizante, subrayando su carácter natural y accesible.

Desde el enfoque probiótico, la Organización Mundial de la Salud (OMS) define estos microorganismos como vivos y capaces, en cantidades adecuadas, de conferir beneficios a la salud del huésped. En el caso del kéfir de agua, se ha demostrado que las bacterias ácido-lácticas pueden colonizar transitoriamente el intestino humano, mejorando el equilibrio del microbiota, compitiendo por nutrientes, produciendo compuestos antimicrobianos (como bacteriocinas) y estimulando el sistema inmunológico (Schiffrin et al., 1997; Penna, 1983). Además, investigaciones como las de Mombelli y Gismondo (2000) o McFarland (2000) documentan beneficios frente a infecciones intestinales, alergias alimentarias, vaginitis, intolerancia a la lactosa y alteraciones del perfil lipídico.

En años recientes, tecnologías como la metagenómica, cromatografía líquida, espectrometría de masas y modelos experimentales in vitro e in vivo han permitido confirmar varias de estas propiedades, incluyendo la modulación del microbiota intestinal, la producción de compuestos antioxidantes y antiinflamatorios, y la protección de la barrera intestinal. Incluso se han reportado beneficios extrapolables a la salud dérmica. No obstante, la estandarización de sus procesos fermentativos y la consolidación de evidencia clínica siguen siendo desafíos para su regulación oficial dentro de la salud pública y la medicina integrativa.

Finalmente, para su cultivo adecuado, se recomienda evitar el contacto con utensilios metálicos, ya que estos pueden alterar el equilibrio microbiano. Se prefieren materiales como vidrio, madera o plástico. Asimismo, el tipo de azúcar influye considerablemente en el crecimiento y actividad de los tíbicos. Azúcares sin refinar como el piloncillo y la miel de abeja promueven un desarrollo más robusto debido a su contenido mineral, mientras que edulcorantes artificiales como la sucralosa carecen del valor nutricional necesario para sostener la fermentación.

Resultados recientes y análisis comparativo del kéfir de agua

En los últimos años, investigaciones recientes han profundizado en las propiedades del kéfir de agua desde una perspectiva microbiológica, clínica y tecnológica. Diversos estudios han documentado efectos beneficiosos asociados con su consumo, tales como la modulación del microbiota intestinal, actividad antioxidante, acción inmunomoduladora y beneficios a nivel dérmico. A continuación, se presenta textos comparativos de estudios recientes relevantes:

A.- Metagenómica y toxicología en ratones

Título: *Metagenomic and phytochemical analyses of kefir water and its subchronic toxicity study in BALB/c mice*

Fuente: BMC Complement Med Ther (2021)

Autores: Rani et al.

Objetivo:

Evaluar la composición microbiana del kéfir de agua, su contenido fitoquímico y su seguridad tras consumo prolongado en ratones.

Metodología:

- Análisis metagenómico (16S rRNA)
- Cromatografía UHPLC para compuestos fenólicos
- Estudio de toxicidad en ratones BALB/c por 28 días

Resultados clave:

- Microbiota dominante: *L. hilgardii, L. harbinensis*
- Se identificaron flavonoides como quercetina y ácido gálico
- No se detectaron efectos tóxicos ni alteraciones en hígado, riñón, sangre

Conclusión:

El kéfir de agua es seguro en consumo subcrónico, y contiene compuestos antioxidantes bioactivos.

B.- Efectos inmunomoduladores y prebióticos in vitro

Título: *Water Kefir and Derived Pasteurized Beverages Modulate Gut Microbiota, Intestinal Permeability and Cytokine Production In Vitro*

Fuente: Nutrients (2021)

Autores: Filannino et al.

Objetivo:

Comparar los efectos del kéfir de agua crudo y pasteurizado sobre el microbiota intestinal humana, la permeabilidad intestinal y la producción de citocinas.

Metodología:

- Modelo de colon in vitro (SHIME)
- Células epiteliales Caco-2
- ELISA para citocinas

Resultados clave:

- Ambos tipos de kéfir aumentaron la producción de ácidos grasos de cadena corta (SCFAs)
- Se redujo la permeabilidad intestinal
- Modulación positiva de la respuesta inflamatoria (↓ IL-6)

Conclusión:

El kéfir de agua tiene potencial como modulador del microbiota intestinal, incluso tras pasteurización.

C.- Evaluación de polifenoles y capacidad antioxidante

Título: *Evaluation of Polyphenol Content and Antioxidant Activity of Standard Water Kefir*

Fuente: MDPI – Fermentation (2025)

Autores: Cheng et al.

Objetivo:

Analizar el contenido de polifenoles y la actividad antioxidante del kéfir de agua durante diferentes tiempos de fermentación.

Metodología:

- Fermentación a 48, 72 y 96 h
- Técnicas: UHPLC, DPPH, FRAP, CUPRAC

Resultados clave:

- A mayor tiempo de fermentación, mayor concentración de polifenoles
- Actividad antioxidante se duplicó a las 96 h
- Presencia destacada de catequinas y ácido ferúlico

Conclusión:

El kéfir de agua desarrolla propiedades antioxidantes fuertes con fermentaciones prolongadas.

D.- Estudio clínico en UCI (microbiota humano)

Título: *Safety, feasibility, and impact on the gut microbiome of kefir administration in critically ill adults*

Fuente: BMC Medicine (2024)

Autores: Reinstadler et al.

Objetivo:

Evaluar si el kéfir es seguro y útil para modular la microbiota intestinal en pacientes críticos.

Metodología:

- 13 pacientes en unidad de cuidados intensivos
- 100 mL/día de kéfir durante 7 días
- Análisis de microbiota por secuenciación

Resultados clave:

- No hubo efectos adversos ni sepsis
- Aumento de especies beneficiosas como *L. rhamnosus, L. plantarum*
- Mejora de índice GMWI (gut microbial wellness index)

Conclusión:

El kéfir puede ser una intervención segura para apoyar la microbiota en contextos clínicos.

E.- **Kéfir y salud de la piel humana**

Título: *The Impact of Kefir on Epidermal Water Homeostasis in Healthy Human Skin*

Fuente: MDPI Life (2021)

Autores: Hasegawa et al.

Objetivo:

Evaluar si el consumo diario de kéfir de agua mejora la hidratación de la piel.

Metodología:

- 27 voluntarios sanos (100 mL/día durante 8 semanas)
- Medición de pérdida transepidérmica de agua (TEWL) y humedad del estrato córneo

Resultados clave:

- ↓ Pérdida de agua (TEWL)
- ↑ Hidratación superficial de la piel
- Efecto más fuerte en participantes con piel seca inicial

Conclusión:

El kéfir podría mejorar la función barrera de la piel por mecanismos aún no definidos.

F.- **Revisión sobre propiedades antiinflamatorias y antioxidantes**

Título: *Antioxidant and anti-inflammatory properties of water kefir microbiota and its bioactive metabolites*

Fuente: PubMed – AIMS Press (2024)

Autores: Xu et al.

Objetivo:

Revisar la evidencia sobre compuestos bioactivos generados por la microbiota del kéfir de agua y sus efectos fisiológicos.

Metodología:

Revisión narrativa de estudios in vitro, in vivo y clínicos (2010–2023)

Hallazgos clave:

- Dextranos, ácidos orgánicos, SCFAs y polifenoles tienen propiedades antioxidantes
- Inhibición de NF-κB, reducción de IL-6, TNF-α en modelos animales
- Aplicación potencial como suplemento o cosmético natural

Conclusión:

El kéfir de agua es una fuente prometedora de bioactivos con potencial terapéutico, aunque falta estandarización.

Tabla de comparaciones de diferentes investigadores

Estudio / Año	Autores	Tipo de estudio	Hallazgos clave	Conclusión
BMC 2021	Rani et al.	In vivo (ratones) + metagenómica	No toxicidad; presencia de L. hilgardii y flavonoides	Seguro y bioactivo
Nutrients 2021	Filannino et al.	In vitro (SHIME, Caco-2)	Mejora microbiota, integridad epitelial y citocinas	Potencial prebiótico/inmunomodulador
MDPI 2025	Cheng et al.	Químico (UHPLC, DPPH)	Alta concentración de polifenoles con fermentación larga	Potente antioxidante natural
BMC Med 2024	Reinstadler et al.	Clínico (UCI)	Aumento de Lactobacillus, sin efectos adversos	Seguro y beneficioso en pacientes críticos
MDPI Life 2021	Hasegawa et al.	Clínico (piel)	Mejora hidratación y función barrera cutánea	Apoyo potencial a la salud dérmica
AIMS 2024	Xu et al.	Revisión	SCFAs, dextranos y compuestos fenólicos tienen efectos antiinflamatorios	Potencial terapéutico amplio

Tabla 1 Comparaciones de diferentes investiadores

Discusión

Los resultados de la literatura científica reciente reafirman que el kéfir de agua no solo es una bebida fermentada tradicional, sino también una matriz funcional con amplias aplicaciones en salud intestinal, metabólica, cutánea e inmunológica. Estudios como los de Rani et al. (2021) y Cheng et al. (2025) destacan la presencia de polifenoles y flavonoides con capacidad antioxidante significativa, lo cual respalda su uso como agente preventivo frente al estrés oxidativo.

La seguridad del kéfir de agua ha sido comprobada tanto en modelos animales como en humanos. El estudio clínico de Reinstadler et al. (2024), realizado en pacientes críticos, demuestra su tolerabilidad y efectos positivos sobre el microbiota intestinal. Simultáneamente, investigaciones como las de Filannino et al. (2021) revelan que incluso las versiones pasteurizadas de la bebida pueden modular positivamente la respuesta inmunitaria y la permeabilidad intestinal, sugiriendo una vía postbiótica de acción.

Desde una perspectiva más integrativa, estudios como el de Hasegawa et al. (2021) apuntan a beneficios extrapolables a la salud dérmica, lo que abre posibilidades en el campo de la dermatología funcional y la cosmética natural.

No obstante, es fundamental reconocer las limitaciones actuales: gran parte de la evidencia se concentra en estudios preliminares in vitro o en animales, y la variabilidad en el método de producción dificulta la estandarización de dosis, cepas y resultados. Las futuras investigaciones deberán centrarse en ensayos clínicos multicéntricos, estandarización de cultivos y caracterización precisa de metabolitos activos, con el fin de integrar el kéfir de agua como herramienta probiótica validada.

Paralelamente, la fuente de carbohidratos empleada en el cultivo de tíbicos tiene un impacto significativo en su crecimiento, la producción de exopolisacáridos (EPS) y la diversidad microbiana del cultivo. Los siguientes estudios comparan los efectos de diversos tipos de azúcar en estos aspectos clave del kéfir de agua:

Artículos científicos

Çevik et al. (2019) – *The Effect of Different Sugars on Water Kefir Grains*

- Diseño: 5 semanas, 4 grupos con 10 g de azúcar (melaza de uva, miel, azúcar sin refinar, azúcar refinada) en 500 mL de agua, 2 g de tibicos, fermentación a 25 °C por 48 h por ciclo.
- Resultados:
  - No hubo diferencias significativas en el peso de los granos.
  - Cultivos con miel y melaza tuvieron mayor recuento de *Lactococcus* y levaduras que los de azúcar refinada
- Conclusión: Grape molasses, honey, and unrefined sugar are viable alternatives to sucrose, supporting microbial growth comparably.

Graça et al. (2022, SciELO Brasil) – *Different sources of sucrose...*

- Enfoque: comparación de fermentaciones con azúcar de coco, azúcar morena y refinada.
- Hallazgos:
  - Mayor ganancia de masa con azúcar de coco y morena; azúcar refinada producía estructura más frágil y menos EPS.
  - Micrografías mostraron integridad estructural y distribución equilibrada de microbiota con azúcar integral

Çevik et al. (2025 en Ciencia en Desarrollo) – *Biomass growth of water kefir...*

- Diseño: cultivo en solución con 100 g/L de sacarosa y concentración óptima de granos 0.02 g/mL.
- Resultados:
    - +597 % de biomasa en 48 h (de 4 g a 23.9 g), pH final 4.05.
    - Producción de 160 g dextrano por kg de granos revistas.uptc.edu.co.
- Conclusión: Muestra alta eficiencia de crecimiento solo con sacarosa.

Verce et al. (2021, Frontiers in Microbiology) – *Type and Concentration...*

- Observación: Sustitución de sacarosa por glucosa o fructosa reduce el crecimiento de granos — glucosa fermenta más rápido, pero la ausencia total de sacarosa inhibe la generación de EPS y crecimiento.

Evidencia anecdótica de comunidades

- Uso de *coconut sugar* o *molasses* incrementa notablemente el crecimiento térmico pese al pH o carbonatación
- Comerciantes reportan crecimiento más grande con *piloncillo mexicano* comparado con azúcar refinada (≈40 % más tamaño, ≈30 % más multiplicación).
- Alternancia entre azúcar blanca refinada (rápido crecimiento) y azúcar panela para minerales más equilibrio.

Tabla comparativa de evaluación de los diferentes investigadores sobre los diferentes azúcares evaluados

Estudio	Azúcares evaluados	Principales hallazgos	Crecimiento de biomasa	Conclusión principal
Çevik et al. (2019)	Refinada, sin refinar, miel, melaza de uva	Mayor recuento de Lactococcus y levaduras con miel y melaza	Similar en todos los casos	Azúcares naturales apoyan fermentación más activa
Graça et al. (2022)	Azúcar blanca, morena, de coco	Azúcar morena y de coco → mayor masa y viscosidad	↑ con morena/coco	Azúcares integrales mejoran calidad sensorial y estructural
Çevik et al. (2025)	Sacarosa refinada (100 g/L)	Aumento del 597 % en biomasa en 48 h	De 4 g a 23.9 g	Sacarosa pura = alta eficiencia de crecimiento
Verce et al. (2021)	Sacarosa, glucosa, fructosa	Glucosa/fructosa ↓ crecimiento de granos	Inhibido sin sacarosa	La sacarosa es esencial para el desarrollo estructural

Tabla 2 Evaluacion de los diferentes investigadores sobre los diferentes azúcares evaluados

HIPÓTESIS DEL TRABAJO DE INVESTIGACIÓN

1. Los tíbicos (kéfir de agua, *Lactobacillus brevis*) presentan un mayor desarrollo cuando se fermentan con piloncillo.
2. El desarrollo de los tíbicos es limitado o nulo en medios con azúcar glass.
3. La utilización de Splenda inhibe el crecimiento y puede causar la muerte del cultivo de tíbicos.
4. La miel de abeja favorece el desarrollo de los tíbicos en mayor medida que el piloncillo.

MATERIALES Y MÉTODOS

MATERIALES

Equipos y utensilios

1. **Báscula electrónica**
   - Marca: Básculas de Nuevo León S.A. de C.V.
   - Modelo: ONIX – 5KG
   - Número de serie: 5d370270000407
2. **Termómetro digital**
   - Marca: DUVE
3. **Indicadores de pH**
   - Marca: CIVEN
   - Presentación: 100 tiras
   - Proveedor: Científica Vela Quin S.A. de C.V.
4. **Recipientes de plástico de un litro**
5. **Colador de plástico**
6. **Bolsas de plástico con cierre hermético**
7. **Envase de vidrio graduado**

CULTIVO MICROBIANO

- **Lactobacillus bulgaricus**

Se emplearon cultivos simbióticos de bacterias lácticas y levaduras embebidas en una matriz de polisacáridos. El tamaño de los gránulos osciló entre 2.5 mm y 5 mm, con una consistencia elástica y color blanco amarillento (Figura 1).

Figura 1 Lactobacillus Bularicus

AZÚCARES UTILIZADOS

1. Azúcar morena

Contenido energético de 390 kcal por cada 100 g, compuesto en un 97.6% por carbohidratos. Es baja en sodio y rica en potasio y hierro. Se caracteriza por no ser refinada y conservar trazas de minerales y vitaminas.

Entre las propiedades nutricionales del azúcar moreno cabe destacar que tiene los siguientes nutrientes: 1,90 mg. de hierro, 0 g. de proteínas, 85 mg. de calcio, 0 g. de fibra, 320 mg. de potasio, 0 mg. de yodo, 0,10 mg. de zinc, 22 mg. de magnesio, 40 mg. de sodio, 0 mg. de vitamina A, 0,01 mg. de vitamina B1, 0,01 mg. de vitamina B2, 1 mg. de vitamina B3, 0,11 mg. de vitamina B5, 0,02 mg. de vitamina B6, 0 mg. de vitamina B7, 1 mg. de vitamina B9, 0 mg. de vitamina B12, 0 mg. de vitamina C, 0 mg. de vitamina D, 0 mg. de vitamina E, 0 mg. de vitamina K, 24 mg. de fósforo, 390 kcal. de calorías, 0 mg. de colesterol, 97,60 g. de azúcar y 0 mg. de purinas.

Tablas de información nutricional del azúcar moreno

A continuación, se muestra una tabla con el resumen de los principales nutrientes de la azúcar morena, así como una lista de enlaces a tablas que muestran los detalles de sus propiedades nutricionales del azúcar moreno. En ellas se incluyen sus principales nutrientes, así como como la proporción de cada uno.

Calorías		390 kcal.	
Grasa		0 g.	
Colesterol		0 mg.	
Sodio		40 mg.	
Carbohidratos		97,60 g.	
Fibra		0 g.	
Azúcares		97,60 g.	
Proteínas		0 g.	
Vitamina A	0 mg.	**Vitamina C**	0 mg.
Vitamina B12	0 mg.	**Calcio**	85 mg.
Hierro	1,90 mg.	**Vitamina B3**	1 mg.

Tabla 3 Nutrientes del azúcar

Principales nutrientes

- Calorías
- Vitaminas
- Minerales
- Proteínas
- Aminoácidos
- Carbohidratos

La cantidad de los nutrientes que se muestran en las tablas anteriores, corresponde a 100 gramos de este alimento. (Figura 2)

Figura 2 Azúcar Morena

2. Piloncillo (panela)

Producto artesanal de jugo de caña cocido y solidificado. Contiene minerales como hierro, calcio, fósforo, magnesio, potasio y vitaminas del complejo B. Destaca por sus propiedades energéticas, antioxidantes y expectorantes.

La panela, también conocida como piloncillo, raspadura, rapadura, atado dulce, tapa de dulce, chancaca (del náhuatl *chiancaca*), empanizo, papelón, o panocha en diferentes latitudes del idioma español, es originaria de América Latina y es un alimento cuyo único ingrediente es el jugo de la que se seca de caña de azúcar antes de pasar por el proceso de purificación que lo convierte en azúcar moreno (o mascabado). Para producir la panela, el jugo de caña de azúcar es cocido a altas temperaturas hasta formar una melaza bastante densa, luego se pasa a unos moldes en forma de prisma donde se deja secar hasta que se solidifica o *cuaja*.

Debido a que su proceso de elaboración, el piloncillo preserva naturalmente todos los nutrientes de la caña, tales como:

- Proteínas
- Minerales como hierro, cobre, fósforo, calcio, potasio, magnesio y zinc.
- Vitaminas C, B1,B2 y B6.
- Es una fuente de antioxidantes.
- Efecto balsámico y expectorante en casos de enfermedades respiratorias.
- Aporte de energía al organismo de forma rápida. Útil, después de un ejercicio de alto rendimiento.
- Ayuda a mitigar estados de fatiga y cansancio.

Entre los grupos se nutrientes esenciales de la panela deben mencionarse el agua los carbohidratos, los minerales, las proteínas, las vitaminas y las grasas. En la panela se encuentran cantidades notables de sales minerales, las cuales son 5 (cinco) veces mayores que las del azúcar moscabado y 50 veces más que las del azúcar refinado. Entre los principales minerales que contiene la panela figuran: el calcio Ca, potasio K, magnesio Mg, cobre Cu, Hierro Fe y fósforo P, como también trazas de flúor F y selenio Se (Figura 3)

Figura 3 Piloncillo

3. Azúcar glass

Azúcar refinado pulverizado con la adición de almidón (2-3%). Se emplea principalmente en repostería. Aporta calorías sin contenido significativo de micronutrientes (calorías vacías).

Se utiliza en repostería para cubrir y dar un último toque de decoración a postres o dulces. Mezclada con agua caliente y limón produce el glaseado.

Por milenios, el único endulzante que se conoció en Occidente fue la miel. Durante las cruzadas, los europeos descubrieron el azúcar y en el siglo XV, con el descubrimiento de América y la presencia de los conquistadores en las Indias Orientales y en el océano indico, marcaron el comienzo de la expansión del azúcar. Cuesta creer que el azúcar no estuve siempre en la cocina, ya que en la actualidad su consumo ha alcanzado niveles inimaginables. Hoy en día existen sustitutos naturales y artificiales que nos permiten lograr sabores similares, los cuales se hacen conocer a fines del siglo XX más precisamente de los ochenta. El valor nutritivo del azúcar es limitado, pues no contiene proteínas, materia grasa, fibra, vitaminas ni minerales; por esta razón suele calificarse como "calorías vacías" debido a la ausencia de elementos nutritivos. Al igual que la sal tiene la propiedad de retener los líquidos. (Figura 4)

Figura 4 Azúcar Glass

4. Miel de abeja

Fluido dulce producido por abejas a partir del néctar floral. Contiene enzimas, azúcares naturales, minerales y vitaminas. Posee propiedades antibacterianas, antiinflamatorias, expectorantes y prebióticas.

La miel de abeja es un producto que las abejas producen a partir de la transformación del néctar de las flores, y que es usado con propósitos de alimentación completa en la colmena. La miel de las abejas ha sido ampliamente estudiada por su gran cantidad de propiedades como antiséptico, fortificante, calmante, laxante, diurético y bactericida, y beneficios para el cuerpo humano.

Beneficios de la miel de abeja

La miel de abejas domesticadas en general tiene un rico sabor y es utilizado principalmente para endulzar y preparar algunos alimentos, pero el principal beneficio de la miel se encuentra en sus propiedades antibacterial, antinflamatorias, antisépticas y calmantes.

- Tomar una cucharadita de miel de abejas en el desayuno nos proporciona más energía para nuestras actividades físicas diarias.
- La miel de abeja con limón alivia las molestias de la garganta, a calmar la tos y bajar la fiebre.
- Una propiedad de la miel de abeja poco conocido es que ayuda a las personas que sufren de ulceras gástricas, solo tomate una cucharadita de miel en ayunas y no consumas alimentos por al menos una hora.
- La miel de abeja te ayuda a mantenerte alejado de infecciones debido a sus propiedades antisépticas.
- Las heridas y quemaduras también se curan con miel de abejas, ya que sus propiedades antisépticas y cicatrizantes ayudan a evitar infecciones y aceleran la cicatrización de la piel.

- La miel de abeja es un alimento prebiótico, que contiene oligosacáridos propios que aumentan la población de la flora bacteriana de forma natural, mejorando la salud digestiva y del sistema inmunológico. (Figura 5)

Figura 5 Miel de Abeja

5. Splenda (sucralosa)

Edulcorante artificial derivado de la sacarosa, bajo en calorías, sin regusto amargo. Estable a altas temperaturas, aprobado en múltiples países. Se empleó para evaluar la respuesta del cultivo a un sustituto no calórico.

No es natural, aunque esté realizado a partir de un producto de la madre naturaleza. Es un edulcorante bajo en calorías (menos de 5) con un sabor muy parecido al azúcar.

Splenda es un nombre comercial. Es una marca que elabora este endulzante basado en la sucralosa. Hay más marcas que utilizan este producto y Splenda es una más. En su formulación no se introducen ni lactosa ni gluten. Se vende en sobrecitos y en granulados para añadir a tus bebidas y comidas. Splenda, sustituto del azúcar. Se realiza a partir del azúcar, pero ha recibido un tratamiento químico para quitarle las calorías. En el proceso se le añade carbohidratos, aunque en cantidad mínima. También se introduce moléculas de cloro y aquí llega el peligro.

La diferencia con otros endulzantes no naturales es que sabe a azúcar y, por tanto, no tiene el regusto amargo de otros productos. Además, desde 1976 la firma ha realizado múltiples ensayos de laboratorio en más de 80 países. (Figura 6)

Figura 6 Splenda

MÉTODO

El presente experimento se llevó a cabo bajo un **diseño completamente al azar (DCA)** con el objetivo de evaluar el desarrollo y crecimiento de *Lactobacillus bulgaricus* (búlgaros) en presencia de diferentes tipos de azúcares. Se establecieron **cinco tratamientos**, correspondientes a los diferentes azúcares evaluados: azúcar morena, piloncillo, azúcar glass, miel de abeja y sucralosa (Splenda). Cada tratamiento fue replicado **cuatro veces**, lo que permitió un análisis comparativo entre ellos (Figura 7).

Figura 7 Replicaciones

PROCEDIMIENTO EXPERIMENTAL

1. **Preparación inicial:**

Se pesaron **20 gramos de biomasa activa de búlgaros** para cada una de las repeticiones (Figura 8). A cada unidad experimental se le añadieron **10 gramos del tipo de azúcar correspondiente** y **100 mL de agua potable** a temperatura ambiente.

Figura 8 Peso de la Biomasa

2. Condiciones de cultivo:

Los búlgaros fueron mantenidos en recipientes plásticos tapados ligeramente para permitir el intercambio gaseoso, ubicados a temperatura ambiente (25 ± 2 °C), protegidos de la luz directa.

3. Manejo diario de los cultivos:

- Diariamente se realizó el **cambio de agua** y se añadió nuevamente el tipo de azúcar correspondiente en la misma proporción.
- Antes del cambio, se midieron dos variables fisicoquímicas: a)**Temperatura del medio** (°C), utilizando un termómetro digital. b) **pH del medio**, mediante tiras reactivas universales.
- Se pesaba la **biomasa resultante** de búlgaros de cada recipiente para registrar los cambios de masa como indicador del crecimiento y reproducción.
- Luego, los búlgaros eran lavados cuidadosamente **dos veces con agua potable** hasta remover residuos de sustrato y obtener agua clara (Figura 9).

4. Repetición del ciclo:

Tras el lavado, los cultivos eran nuevamente colocados en recipientes limpios con el mismo volumen de agua (100 mL) y 10 g del azúcar correspondiente para iniciar un nuevo ciclo de fermentación diaria.

Figura 9 Colado y lavado de los búlgaros

RESULTADOS

Se realizaron siete muestras experimentales (A a G), utilizando distintas proporciones de agua y azúcar, con una biomasa inicial de 24.8 g de tíbicos (kéfir de agua). En cada una se evaluó el efecto de cinco tipos de azúcares: **piloncillo (P)**, **azúcar morena (A)**, **azúcar glass (A.G.)**, **Splenda (S)** y **miel de abeja (M)**. Las variables observadas fueron: **peso final de la biomasa**, **pH** y **temperatura del medio**.

Muestra A

- **Condiciones iniciales**: 24.8 g de biomasa, 10 g de azúcar, 100 mL de agua.
- **Resultados**:
  - Piloncillo: **37.32 g**
  - Azúcar morena: **35.95 g**
  - Azúcar glass: **34.27 g**
  - Splenda: **31.57 g**
  - Miel: **27.15 g**

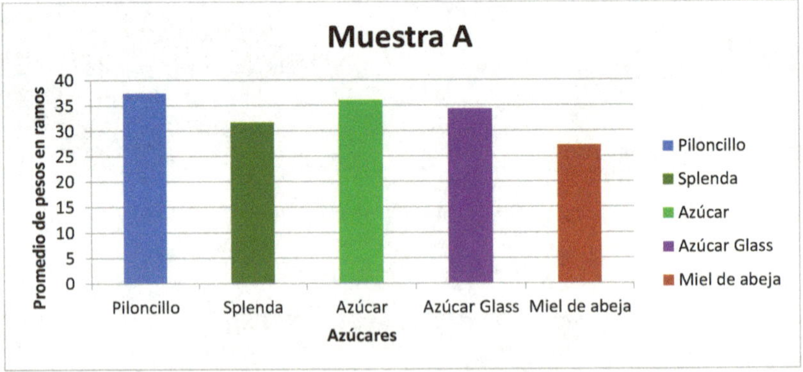

Figura 10 Gráfica de la biomasa en la muestra A

Muestra B

- **Condiciones**: Igual a muestra A.
- **Resultados**:
  - Piloncillo: **51.75 g**
  - Azúcar morena: **47.42 g**
  - Azúcar glass: **46.25 g**
  - Splenda: **35.87 g**
  - Miel: **28.42 g**

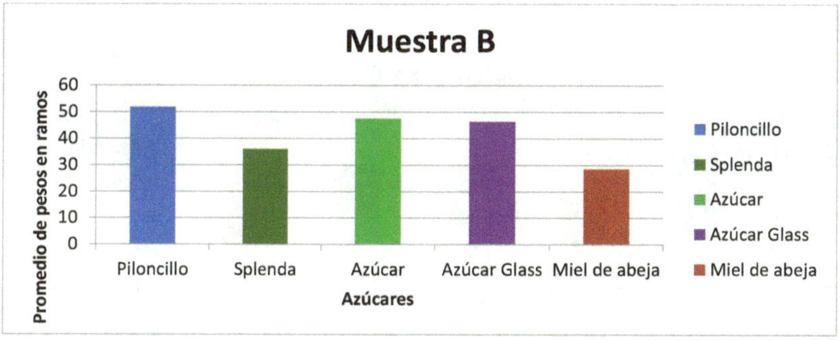

Figura 11 Gráfica de la biomasa en la muestra B

Muestra C

- **Temperatura controlada a 1.4 °C**
- **Resultados**:
    - Piloncillo: **59.42 g**
    - Azúcar morena: **53.05 g**
    - Azúcar glass: **52.15 g**
    - Splenda: **31.32 g**
    - Miel: **26.17 g**

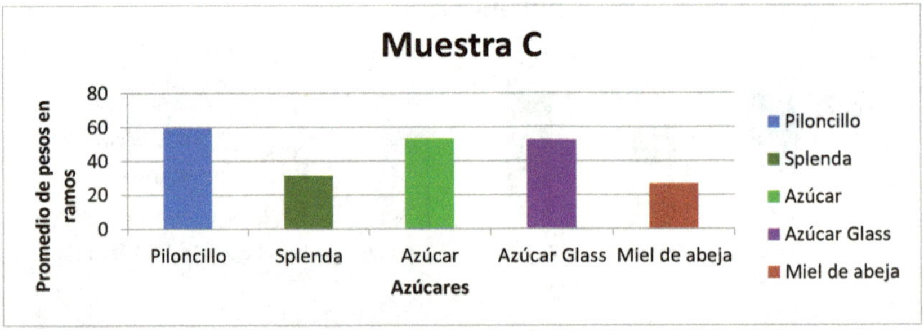

Figura 12 Gráfica de la biomasa en la muestra C

Muestra D

- **Volumen de agua: 300 mL; azúcar: 30 g**
- **Resultados**:
  - Piloncillo: **89.22 g**
  - Azúcar glass: **81.45 g**
  - Azúcar morena: **79.90 g**
  - Splenda: **35.22 g**
  - Miel: **31.30 g**

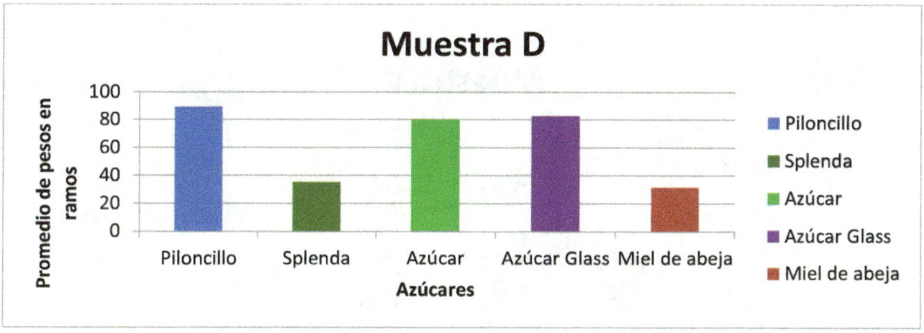

Figura 13 Gráfica de la biomasa en la muestra D

Muestra E

- **Volumen de agua: 500 mL; azúcar: 15 g**

- **Resultados**:

    - Piloncillo: **102.15 g**
    - Azúcar morena: **92.48 g**
    - Azúcar glass: **89.97 g**
    - Splenda: **35.92 g**
    - Miel: **33.37 g**

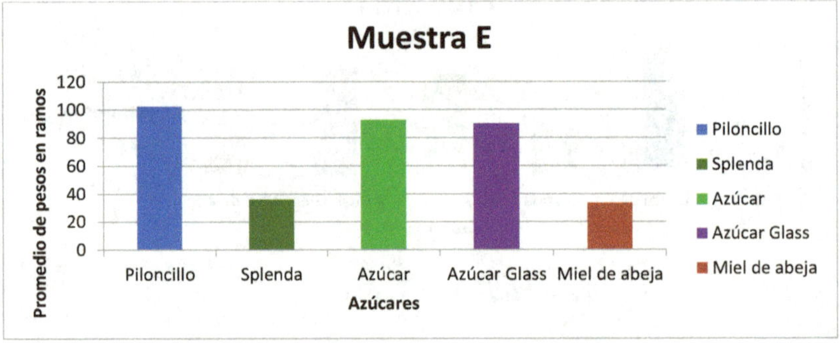

Figura 14 Gráfica de la biomasa en la muestra E

Muestra F

- **Condiciones similares a muestra E**
- **Resultados**:
  - Piloncillo: **112.8 g**
  - Azúcar morena: **108.15 g**
  - Azúcar glass: **98.07 g**
  - Splenda: **36.47 g**
  - Miel: **31.95 g**

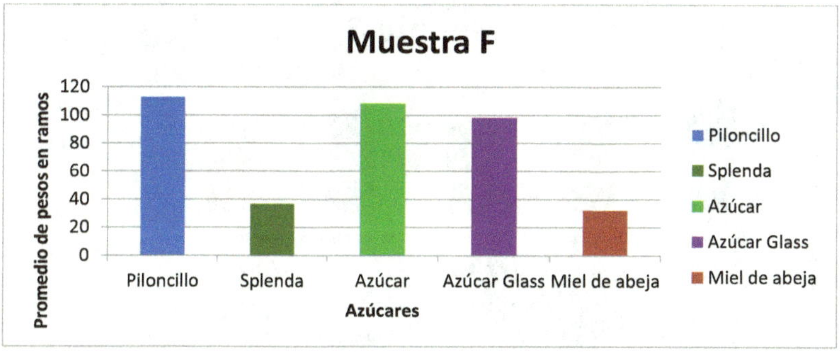

Figura 15 Gráfica de la biomasa en la muestra F

Muestra G

- **Condiciones iguales a muestra F**
- **Resultados**:
    - Piloncillo: **115.5 g**
    - Azúcar morena: **110.2 g**
    - Azúcar glass: **99.5 g**
    - Splenda: **39.7 g**
    - Miel: **33.3 g**

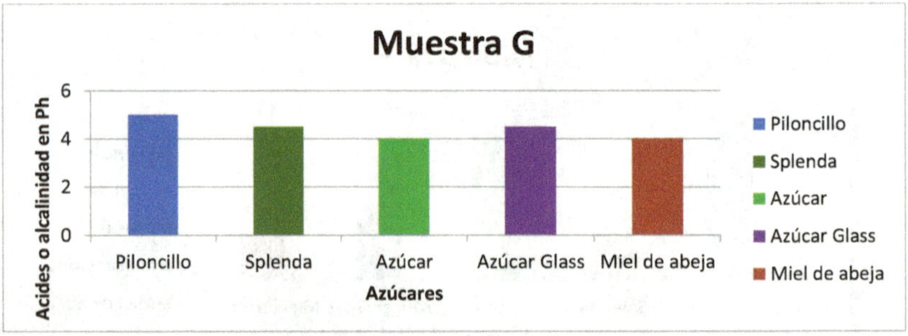

Figura 16 Gráfica de la biomasa en la muestra G

ANÁLISIS DEL PH

En todas las muestras, el pH del medio fermentado varió entre **4.0 y 7.0**, indicando un ambiente **ácido a neutro**, apropiado para la actividad de bacterias ácido-lácticas.

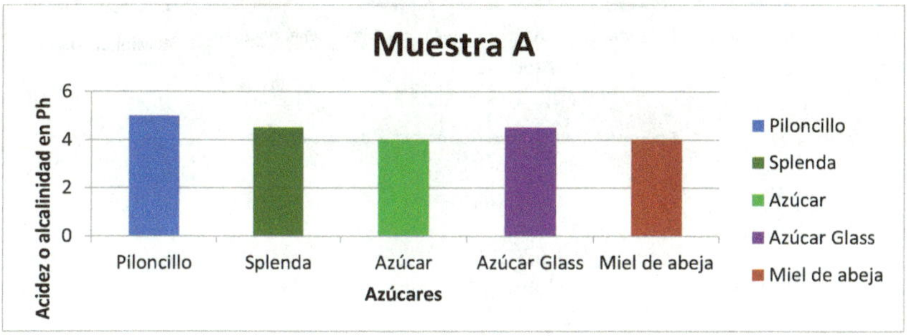

Figura 17 Muestra A la evolución del pH por tipo de azúcar

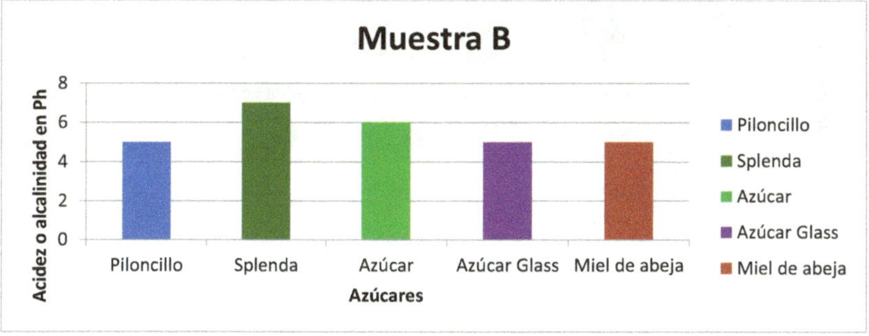

Figura 18 Muestra B la evolución del pH por tipo de azúcar

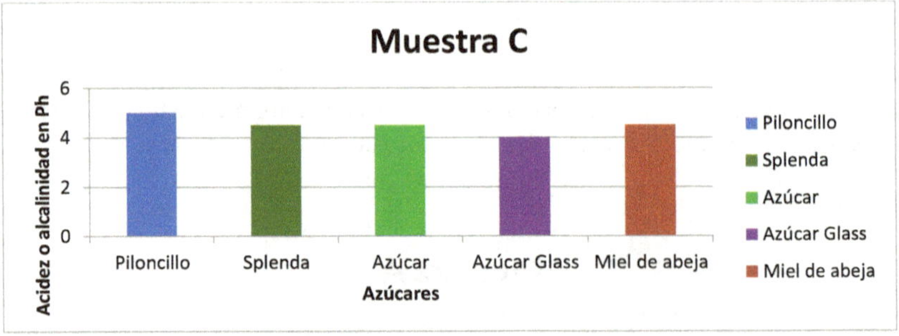

Figura 19 Muestra C la evolución del pH por tipo de azúcar

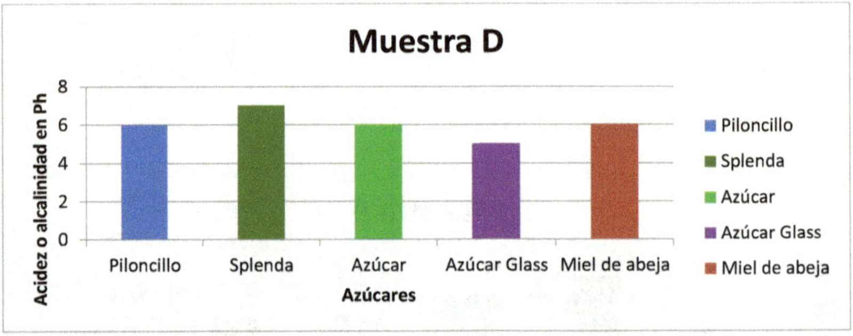

Figura 20 Muestra D la evolución del pH por tipo de azúcar

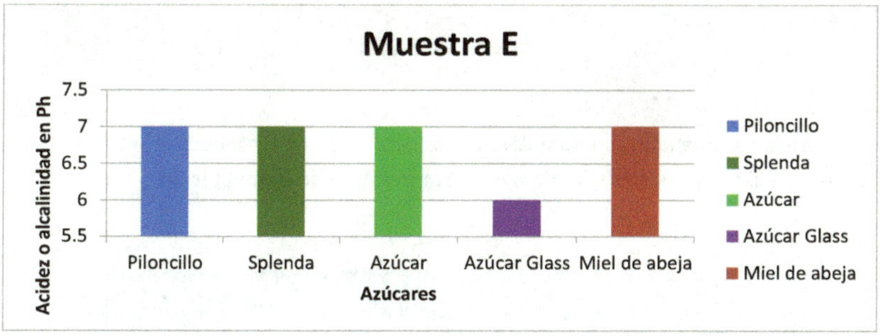

Figura 21 Muestra E la evolución del pH por tipo de azúcar

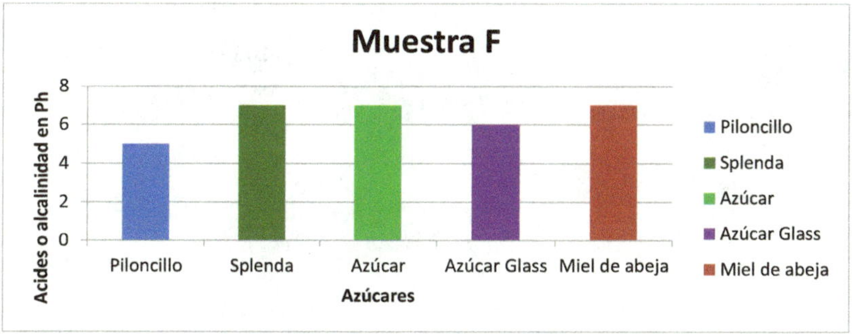

Figura 22 Muestra F la evolución del pH por tipo de azúcar

ANÁLISIS GENERAL

Aquí se presenta un análisis comparativo de los resultados de las muestras A a G, basado en los promedios de pH, peso de biomasa y temperatura de fermentación:

Muestra	Temp. (°C)	pH promedio	Peso promedio de biomasa (g)
A	7.0	7.0	24.8
B	5.0	4.5	35.45
C	1.4	5.5	47.58
D	1.6	4.6	55.31
E	1.4	6.0	84.18
F	1.8	6.4	96.36
G	1.8	6.4	106.35

Tabla 4 Análisis comparativo

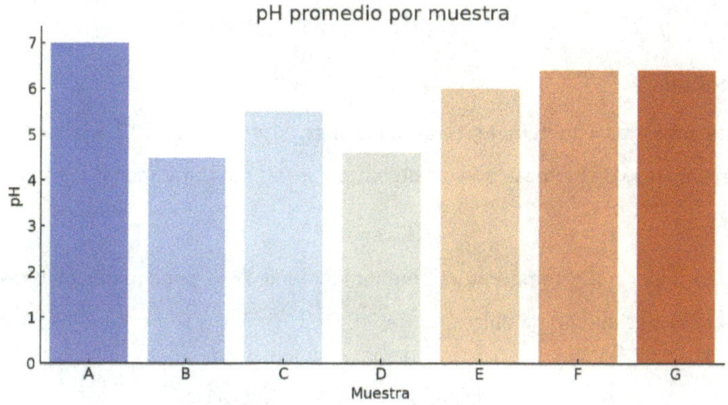

Figura 23 pH promedio por muestra

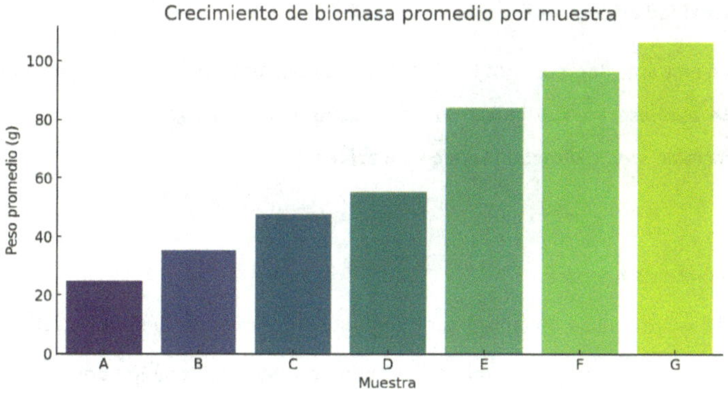

Figura 24 Crecimiento de biomasa promedio por muestra

INTERPRETACIÓN DE RESULTADOS

1. Temperatura

- Las muestras con temperaturas más bajas (1.4 °C – 1.8 °C) mostraron mayor crecimiento de biomasa que las de temperaturas más altas (como la muestra A a 7 °C).
- Esto sugiere que temperaturas moderadamente frías pueden ser más favorables para el crecimiento de tíbicos.

2. pH

- El **descenso de pH** se relaciona con la producción de ácidos orgánicos (principalmente ácido láctico), lo que indica **una fermentación activa**.
- Muestras B y D tuvieron los valores de pH más bajos (4.5 y 4.6), lo cual sugiere **alta actividad acidogénica**.
- Sin embargo, las muestras F y G, con **pH de 6.4**, también tuvieron **los mayores pesos de biomasa**, lo que indica que **el crecimiento de los gránulos no siempre está correlacionado directamente con la acidez**.

3. Crecimiento de biomasa

- El peso promedio de los gránulos aumentó progresivamente de la muestra A a la G.
- La muestra G alcanzó el mayor crecimiento (106.35 g), seguida por F (96.36 g) y E (84.18 g).
- Las muestras A y B, con condiciones más simples y pH más alto o muy ácido, tuvieron menor crecimiento.

OBSERVACIONES GENERALES

- El **piloncillo** fue consistentemente el tipo de azúcar que favoreció mayor desarrollo de biomasa en todas las muestras.
- El **azúcar morena y el azúcar glass** mostraron buen desempeño, aunque ligeramente menor.
- La **Splenda** fue el único edulcorante que mostró un desarrollo muy limitado de la biomasa, confirmando que no es apta como sustrato para los tíbicos.
- La **miel de abeja**, aunque natural, resultó menos efectiva en comparación con los azúcares integrales.

CONCLUSIONES

1. **El piloncillo es el azúcar que promueve el mayor desarrollo de los tíbicos (kéfir de agua, *Lactobacillus brevis*)**, de acuerdo con los promedios de peso de la biomasa y el análisis gráfico de todas las muestras. Además, el agua fermentada con piloncillo fue evaluada con mejor sabor en comparación con las fermentaciones con azúcar morena, azúcar glass, Splenda y miel de abeja. Por tanto, la **primera hipótesis se confirma como verdadera**.

2. **La azúcar glass permitió el desarrollo de los tíbicos**, aunque en menor medida que el piloncillo y el azúcar morena. No obstante, superó a la Splenda y a la miel de abeja en capacidad de crecimiento. Por lo tanto, la **segunda hipótesis, que afirmaba que no habría desarrollo con azúcar glass, se considera falsa**.

3. **Los tíbicos también mostraron desarrollo con Splenda**, aunque significativamente menor. Además, se observaron **alteraciones físicas** en los gránulos: se tornaron de color blanco, con una consistencia más dura, y se generó **espuma** al mezclar con agua. Esto indica que, aunque hubo crecimiento limitado, el comportamiento del cultivo fue anómalo. En consecuencia, la **tercera hipótesis, que asumía que los tíbicos morirían con Splenda, se rechaza**.

4. **El piloncillo favoreció un mayor crecimiento que la miel de abeja**. De hecho, la miel fue el azúcar que **menor desarrollo permitió** entre todos los tipos evaluados. Esto contradice lo propuesto en la cuarta hipótesis, por lo cual **se considera incorrecta**.

5. Los datos disponibles indican que la sacarosa sigue siendo el sustrato más eficiente para el crecimiento acelerado de los gránulos de kéfir de agua y la producción de matriz polisacárida. No obstante, la inclusión de azúcares naturales como piloncillo, miel o melaza puede aportar micronutrientes y compuestos bioactivos que enriquecen el entorno microbiano, sin comprometer el rendimiento fermentativo. En cambio, la utilización exclusiva de monosacáridos como glucosa o fructosa se asocia con fermentaciones incompletas, débil formación de gránulos y menor producción de EPS, lo que limita su uso en procesos de cultivo prolongado.

6. **Conclusión Final.-** Los tíbicos crecen mejor con azúcares no refinados (morena, panela, piloncillo, azúcar de coco, miel, melaza), que mejoran la integridad, EPS y diversidad microbiana. Las azúcares puras (glucosa o fructosa) sin sacarosa reducen notablemente el crecimiento y producción de matriz.

RECOMENDACIONES

1. **Uso de piloncillo como sustrato principal**: Se recomienda el uso de piloncillo como fuente de azúcar para la producción artesanal o semi-industrial de kéfir de agua, debido a su capacidad de promover un mayor desarrollo de biomasa y mejorar las propiedades organolépticas de la bebida.

2. **Evitar edulcorantes artificiales**: No se recomienda el uso de Splenda u otros edulcorantes artificiales, ya que no proveen nutrientes fermentables para los microorganismos y pueden alterar la estructura del cultivo.

3. **Optimización de fermentación**: Se sugiere mantener un pH entre 4.0 y 5.5 y temperaturas entre 20 °C y 25 °C para asegurar una fermentación eficiente y saludable del cultivo.

4. No utilizar ningún instrumento metálico, preferentemente de plástico o vidrio.

GLOSARIO

Biomasa

Cantidad total de materia viva (en este caso, gránulos de tíbicos) que se genera durante un proceso de fermentación.

Fermentación

Proceso biológico mediante el cual microorganismos como bacterias y levaduras transforman azúcares en otros compuestos, como ácido láctico, etanol y dióxido de carbono.

Kéfir de agua (tíbicos)

Cultivo simbiótico de bacterias y levaduras que se utiliza para producir una bebida fermentada natural con propiedades probióticas. Se presenta en forma de gránulos translúcidos y gelatinosos.

Microbioglea

Matriz de polisacáridos (como dextranos) producida por bacterias como *Lactobacillus brevis*, que protege y da estructura a los gránulos de tíbicos.

pH

Medida de acidez o alcalinidad de una solución. Un pH bajo indica acidez; un pH alto, alcalinidad. En este estudio se evaluó el pH como indicador del proceso de fermentación.

Probióticos

Microorganismos vivos que, cuando se consumen en cantidades adecuadas, ofrecen beneficios a la salud del huésped, especialmente al sistema digestivo.

Splenda (sucralosa)

Edulcorante artificial no calórico derivado del azúcar. En este estudio se evaluó su efecto sobre el desarrollo de los tíbicos.

ANEXOS

1. Estudio de Mercado

Después de identificar cuál de los azúcares favorece mejor la reproducción de los tíbicos, se consideró esencial realizar una **investigación de mercado** para evaluar la factibilidad comercial del producto.

Objetivos del estudio de mercado:

- Identificar oportunidades de procesamiento.
- Estimar si los ingresos cubren los costos de producción.
- Evaluar la aceptación del producto por parte del consumidor.
- Detectar problemas potenciales en su introducción al mercado.

Producto

El producto generado —agua probiótica obtenida de tíbicos— resultó agradable al paladar, con propiedades saludables ampliamente descritas en la literatura. Su presentación fue valorada positivamente por los consumidores por ser práctica y atractiva. También se mostró interés en adquirir la **materia prima (los tíbicos)** para su cultivo casero.

Precio

En comparación con otros productos probióticos del mercado, el precio del kéfir saludable resultó competitivo. Se destaca por su mayor contenido, su estabilidad de precio y su accesibilidad para familias de bajos recursos.

Lugar

La distribución se enfocará en tiendas de barrio, mercados y venta directa, facilitando el acceso a amas de casa y personas interesadas en salud preventiva. El objetivo es fomentar su producción en casa como una alternativa natural y económica.

Promoción

Se realizaron degustaciones gratuitas en zonas cercanas a las escuelas o colegios, las cuales recibieron buena aceptación. El producto fue valorado por su sabor, practicidad y cualidades curativas.

FOTOGRAFIAS DEL PROYECTO

Figura 25

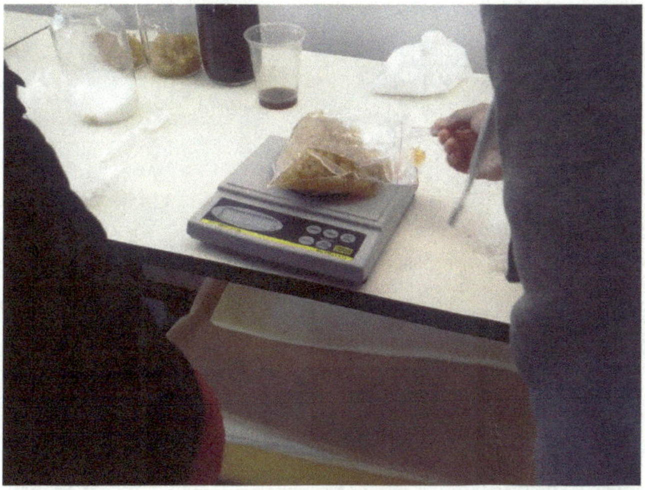

Figura 26

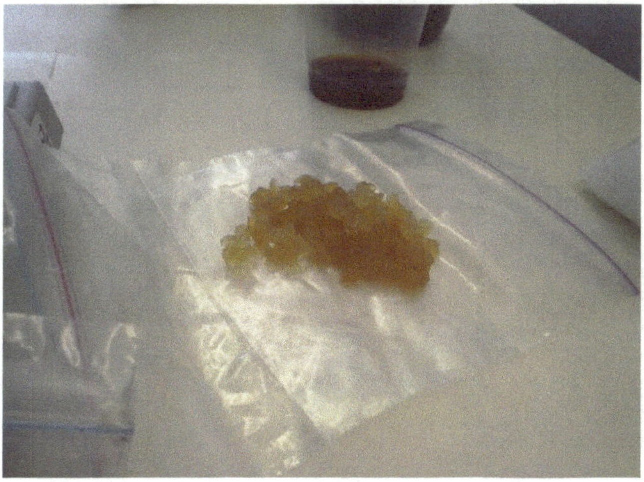

Figura 27

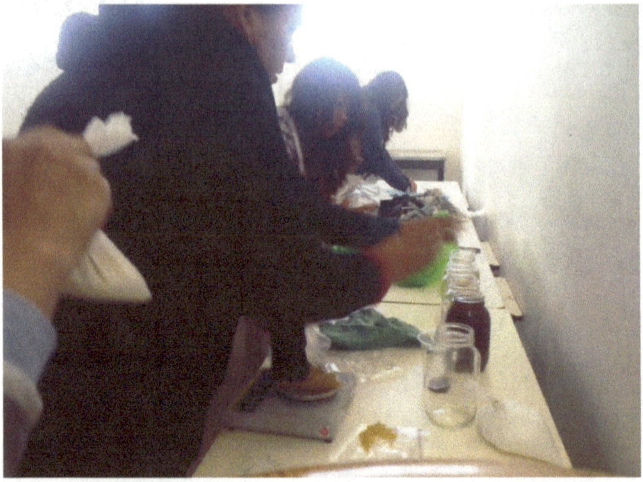

Figura 28

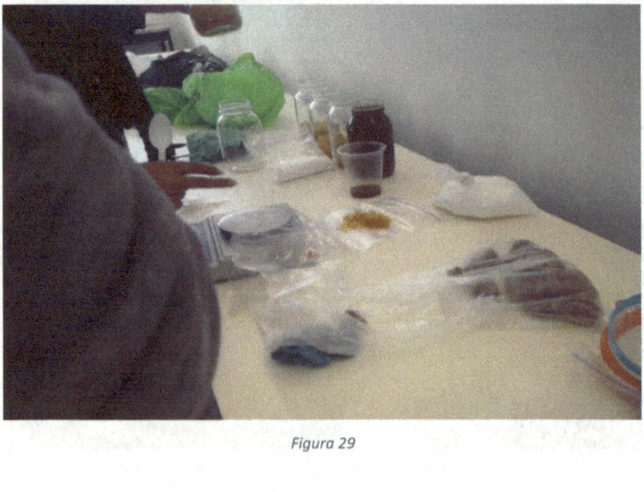

Figura 29

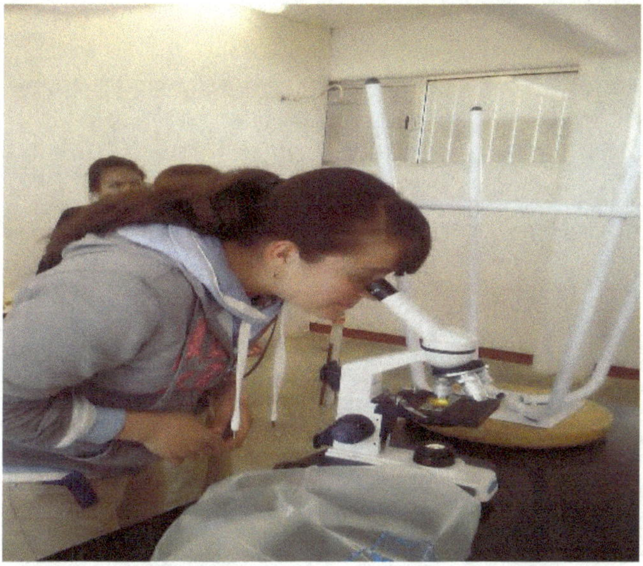

Figura 30

Figura 31

Figura 32

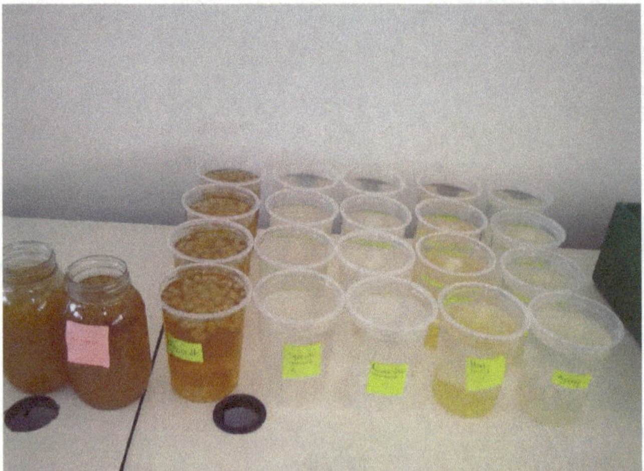

Figura 33

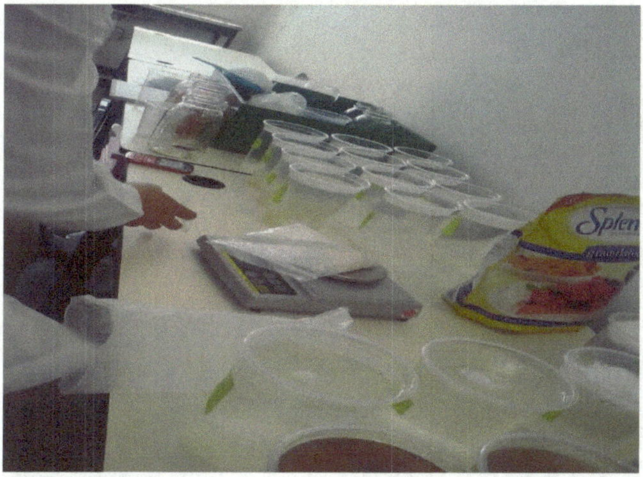

Figura 34

Figura 35

Figura 36

BIBLIOGRAFÍA DE MERCADEO

Austin, J. E. (1981). *Agroindustrial project analysis*. Serie EDI en Economic Development. The Johns Hopkins University Press.

Brown, J. G., & Deloitte y Touche. (1994). *Agroindustrial investment and operations*. EDI Development Studies. The World Bank.

Coetzee, H. (2001). Market testing new food products with illiterate and semi-literate consumers. *Food Chain*, (29), 19–21.

CTA. (2000). *Marketing for small-scale producers* (A. de Veld, Ed.). Agrodok No. 26. Wageningen, Países Bajos.

CTA, DSE, NARO, & FAKT. (2000). *Strategies for strengthening small-scale food processing in eastern and southern Africa*. Wageningen, Países Bajos.

Eaton, C. E., & Shepherd, A. W. (2001). *Agricultura por contrato: Alianzas para el crecimiento* (Boletín de Servicios Agrícolas de la FAO No. 145). FAO.

FAO. (1997). *Marketing research and information systems* (Marketing and Agribusiness Text No. 4). Roma.

FAO. (1997a). *Guidelines for small-scale fruit and vegetable processors* (P. J. Fellows, Ed.). Boletín de Servicios Agrícolas de la FAO No. 127. Roma.

Fellows, P. J., & Axtell, B. (1993). *Appropriate food packaging*. TOOL/ILO Publications.

Fellows, P. J., Franco, E., & Ríos, W. (1996). *Starting a small food processing business*. IT Publications.

Fellows, P. J., & Axtell, B. (Eds.). (2001). *Setting up and running a small food business: Opportunities in food processing*. Wageningen, Países Bajos: CTA.

Francescutti, D., Gulliver, A., & Medeiros, K. (2000). *Ruralinvest: Guía para la formulación y evaluación de pequeñas inversiones rurales*. FAO-RUTA, San José, Costa Rica.

Kindervatter, S., & Range, M. (1987). *Estrategia de mercadeo: Entrenamiento para empresarias*. OEF International.

Kindervatter, S. (Ed.). (1992). *Formación comercial apropiada para la mujer del tercer mundo: Cómo hacer un estudio de factibilidad*. OEF International.

Lecup, I., & Nicholson, K. (2000). *Community-based tree and forest product enterprises: Market analysis and development*. FAO.

Shepherd, A. W. (1993). *Guía para el cálculo de los costos de comercialización*. FAO.

BIBLIOGRAFÍA

Çevik, D., Gür, F., & Demirci, A. (2019). The effect of different sugars on water kefir grains. Turkish Journal of Agriculture - Food Science and Technology, 7(11), 1803–1807. https://doi.org/10.24925/turjaf.v7i11.1803-1807.2787

Çevik, D., Ateş, E., Gür, F., & Demirci, A. (2025). Biomass growth of water kefir grains and exopolysaccharide production in sucrose media. Ciencia en Desarrollo, 16(1), 113–122. https://doi.org/10.19053/01217488.n16.2025.16191

Graça, C. M. C., da Silva, R. M. B., & de Andrade, L. S. (2022). Comparative study of water kefir production using different types of sucrose. Revista de Ciências Agrárias, 45(3), 522–530. [SciELO Brasil].

Verce, M., Živković, M., Lievens, B., & Van Impe, J. F. (2021). Type and concentration of carbohydrate determine water kefir fermentation dynamics. Frontiers in Microbiology, 12, 656147. https://doi.org/10.3389/fmicb.2021.656147

Daker, W. D., & Stacey, M. (1938). Investigation of a polysaccharide produced from sucrose by Betabacterium vermiforme (Ward-Meyer). Biochemical Journal, 32, 1946–1948.

Díaz G., J., Díaz G., V., Ulloa, M., & Taboada, J. (1988). Determinación de algunos parámetros para la producción doméstica de tibicos. Revista Latinoamericana de Microbiología, 30(2), 143–146.

Estrada Cuéllar, L. A. (1985). Estudio de las levaduras de los tibicos y de la madre del vinagre [Tesis de licenciatura, México].

Fuller, R. (1989). Probiotics in man and animals. Journal of Applied Bacteriology, 66, 365–378.

Marcotte, Y., & Terres, M. (1952). Contribución al conocimiento de las levaduras de los tibicos del arroz [Tesis, México].

McFarland, L. V. (2000). Beneficial microbes: Health or hazard? European Gastroenterology & Hepatology, 12(10), 1069–1071.

Mombelli, B., & Gismondo, M. R. (2000). The use of probiotics in medical practice. International Journal of Antimicrobial Agents, 16(4), 531–536.

Pardio Sedas, V. T., et al. (1994). Los prebióticos y su futuro. Archivos Latinoamericanos de Nutrición, 46(1), 6–10.

Penna, F. J. (1998). Diarrea y probióticos. En Simposio sobre utilidad de los probióticos en el manejo de las diarreas. Revista de Enfermedades Infecciosas en Pediatría, 11(6), 182.

Rubio Monroy, M. T. (1991). Caracterización microbiológica y bioquímica de la fermentación de tibicos en piloncillo [Tesis de licenciatura, México].

Schiffrin, E. J., et al. (1997). Immune modulation of blood leukocytes in humans by lactic acid bacteria: Criteria for strain selection. Journal of Dairy Science, 66(2), 515S–520S.

Serrano Lizárraga, L. D. (1986). Los tibicos: su cultivo y utilización potencial [Tesis de licenciatura, México].

Armijo de Vega, C. (1990). Estudio de algunos parámetros en la producción casera de tibicos y su relación a la microbiota y productos de fermentación [Tesis de licenciatura, México].

FSC
www.fsc.org
MIX
Papier | Fördert gute Waldnutzung
FSC® C083411

Kolibri 360 GmbH
Ferdinand-Jühlke-Straße 7
99095 Erfurt, Deutschland
produktsicherheit@kolibri360.de

Druck:
CPI Druckdienstleistungen GmbH
im Auftrag der
Kolibri 360 GmbH
Ferdinand-Jühlke-Str. 7
99095 Erfurt